AF499833

RECHERCHES

SUR

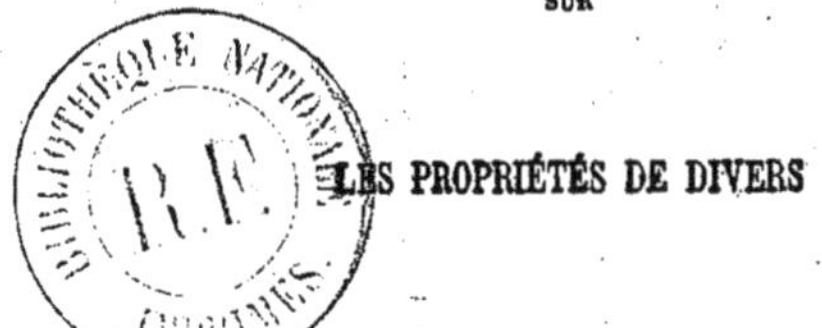

LES PROPRIÉTÉS DE DIVERS

PRINCIPES IMMÉDIATS DE L'OPIUM

PRÉSENTÉES A L'ACADÉMIE DES SCIENCES DANS SA SÉANCE DU 22 AVRIL 1872

Par M. le docteur RABUTEAU

Extrait du MONITEUR SCIENTIFIQUE-QUESNEVILLE, numéro de juillet 1872

PARIS
TYPOGRAPHIE DE RENOU ET MAULDE
144, RUE DE RIVOLI, 144

1872

Te 151 915

RECHERCHES

SUR

LES PROPRIÉTÉS DE DIVERS PRINCIPES IMMÉDIATS DE L'OPIUM.

Les beaux travaux de M. Claude Bernard sur les alcaloïdes de l'opium nous ont appris qu'il existait des différences notables entre ces divers principes expérimentés chez les animaux. Ils ont démontré que trois d'entre eux seulement étaient soporifiques (la narcéine, la morphine et la codéine); qu'ils étaient tous toxiques à haute dose et à des degrés divers ; qu'ils étaient tous convulsivants, excepté la narcéine. Il était intéressant d'étudier ces mêmes principes comparativement chez l'homme et chez les animaux, non-seulement au point de vue de leurs propriétés soporifiques et de leur énergie, mais au point de vue de leurs effets analgésiques et anexosmotiques; car nous employons l'opium plus souvent pour calmer la douleur et arrêter les flux intestinaux que pour procurer le sommeil.

Mes expériences, qui sont au nombre de près de 150, ont été faites sur l'homme sain ou malade, sur les chiens, les lapins et les grenouilles. J'ai étudié non-seulement les six principaux alcaloïdes de l'opium, mais l'acide méconique et la méconine. Ces diverses substances étaient tantôt ingérées dans le tube digestif, tantôt injectées dans le tissu cellulaire sous-cutané.

§ 1. — Thébaïne.

Cette base, qui a pour formule $C^{19}H^{21}AzO^{3}$, a été découverte dans l'opium par Thiboumery, et a été étudiée ensuite par Pelletier et Couerbe. Elle cristallise en paillettes nacrées presque insolubles dans l'eau, très-solubles dans l'alcool et dans l'éther.

La thébaïne possède une saveur styptique, mais ses sels sont d'une amertume assez franche.

Effets de la thébaïne. — Les accidents que la thébaïne détermine chez les animaux consistent en des convulsions violentes observées, depuis plusieurs années déjà, par Magendie, qui avait vu que l'injection de 5 centigrammes de cette substance dans la veine jugulaire chez un chien faisait succomber cet animal comme s'il avait été empoisonné par la strychnine.

Mais il faut des doses plus fortes de thébaïne pour amener la mort après qu'on l'a injectée dans le tissu cellulaire sous-cutané. J'ai injecté, de cette manière, chez un chien de taille médiocre, 5 centigrammes de cet alcaloïde dissous préalablement dans une goutte d'acide chlorhydrique, et l'animal n'a eu que de légers trépignements. Chez un autre animal de la même espèce, 15 à 20 centigrammes de thébaïne dissoute dans 5 centimètres cubes d'eau acidulée par l'acide chlorhydrique et injectés, dans deux endroits différents, sous la peau déterminèrent des accidents redoutables, des convulsions tout à fait semblables à celles que produit la strychnine : la mort s'ensuivit. Les pupilles n'avaient pas été dilatées, leur diamètre avait au contraire légèrement diminué. Enfin, j'ai observé ces mêmes convulsions et la mort chez des grenouilles sous la peau desquelles j'avais mis une faible quantité de thébaïne. Le chlorhydrate de cette base a déterminé rapidement les attaques tétaniques; mais la thébaïne mise en nature sous la peau les a produites tardivement, par exemple, au bout d'une à deux heures parce qu'elle est très-peu soluble. Les doses nécessaires pour déterminer les convulsions amènent la mort, tandis que les quantités de strychnine suffisantes pour produire des accès tétaniques ne sont pas nécessairement mortelles chez les grenouilles, qui reviennent peu à peu à l'état normal.

Toutefois, on se tromperait si l'on induisait de ces expériences que la thébaïne fût aussi toxique que la strychnine, du moins chez l'homme. J'ai pris une fois 5 centigrammes, et, une autre fois, 10 centigrammes de cet opiacé dissous dans l'acide chlorhydrique, puis dans 100 grammes d'eau. Le seul symptôme consécutif à l'ingestion de 10 centigrammes de thébaïne a consisté en un certain trouble de la tête, comme une ébriété sans céphalalgie. Je n'ai remarqué aucune action sur la pupille ni sur le pouls; l'appétit a été excellent, il a été accru. Ce dernier résultat ne présente rien d'étonnant, puisque nous avons vu la strychnine elle-même être prescrite dans certaines dyspepsies; il doit être noté, car nous saurons que la perte d'appétit, les effets nauséeux déterminés parfois par l'administration de l'opium, doivent être attribués à d'autres principes que la thébaïne, qui existe d'ailleurs en faible quantité dans ce médicament. Enfin l'excrétion urinaire n'a pas été modifiée.

Il était intéressant de s'assurer si la thébaïne avait la propriété d'empêcher les courants exosmotiques dirigés vers l'intestin, c'est-à-dire si elle était l'un des principes qui arrêtent la diarrhée et produisent la constipation dans l'administration de l'opium.

Pour cela, j'ai suivi un procédé très-simple, mis en pratique par A. Moreau, dans l'étude de la morphine. J'ai retiré une anse intestinale par une ouverture pratiquée à l'abdomen chez un chien à qui j'avais injecté, sous la peau, 5 centigrammes de thébaïne dissoute dans l'acide chlorhydrique et que j'avais ensuite anesthésié par le chloroforme. Quand cette anse a été vidée par les contractions intestinales spontanées, je l'ai liée en un point, puis j'ai injecté dans sa cavité 5 grammes de sulfate de soude dissous dans 15 centimètres cubes d'eau. L'anse a été liée ensuite à une distance de 20 centimètres de la première, puis elle a été remise dans l'abdomen dont la plaie a été réunie par une suture.

Trois heures après cette opération, l'animal a été sacrifié par la section du bulbe; l'anse intestinale retirée de l'abdomen était tout à fait turgide; elle contenait 68 centimètres cubes de liquide.

La thébaïne n'empêche donc pas les effets des purgatifs : elle n'est pas anexosmotique; par conséquent, elle n'est pas l'un des opiacés qui produisent la constipation ni qui arrêtent la diarrhée.

Cette même base n'est pas soporifique; les résultats constatés sur l'homme sont d'accord, sous ce rapport, avec ceux qu'avait observés M. Cl. Bernard dans ses expériences sur les animaux. Mais elle semble favoriser l'action du chloroforme. En effet, chez le chien soumis à l'opération de l'anse intestinale, j'ai remarqué, pendant et après cette opération, que l'animal était insensible à la douleur, bien qu'il fût complétement éveillé, et que le chloroforme ne fût pas administré de nouveau; nous verrons d'autres alcaloïdes de l'opium augmenter également les effets du chloroforme.

D'ailleurs la thébaïne possède la propriété de faire disparaître à elle seule la douleur. Elle est même parfois *plus analgésique que la morphine chez l'homme*, comme l'ont démontré des observations recueillies dans le service de Sée, où j'ai vu l'injection de 1 centigramme de thébaïne calmer la douleur plus vite et plus longtemps que 1 centigramme de chlorhydrate de morphine.

En résumé : *La thébaïne est convulsivante et toxique, chez les animaux, mais à des doses plus fortes que celles de la strychnine : elle est peu toxique chez l'homme; elle n'empêche pas les courants exosmotiques de l'intestin; elle n'est pas soporifique, mais elle accroît l'action du chloroforme; elle est analgésique.*

§ 2. — Papavérine.

La papavérine ($C^{20}H^{21}AzO^{4}$) a été retirée par Merck de l'opium, où elle se trouve en assez faible quantité. Elle cristallise en prismes complétement insolubles dans l'eau, peu solubles dans l'alcool et dans l'éther.

Les sels de cet alcaloïde sont amers comme ceux de la thébaïne; ils ne sont pas nauséeux.

Effets physiologiques. — La papavérine est beaucoup moins active que la thébaïne. Je n'ai rien observé, ni chez un lapin qui avait reçu sous la peau du dos, en deux endroits, 15 centigrammes de chlorhydrate de cette base, ni chez un chien qui en avait reçu 25 centigrammes. Les battements cardiaques, le diamètre des pupilles restèrent les mêmes; le système nerveux ne parut affecté en aucune manière. Hoffmann avait déjà remarqué l'innocuité relative de cette substance, après l'avoir prise à la dose de 42 centigrammes en trois jours.

Ayant injecté, chez un chien, 20 centigrammes de chlorhydrate de papavérine, puis ayant pratiqué l'opération de l'anse intestinale décrite précédemment, et ayant sacrifié l'animal au bout de trois heures, l'anse ne s'est pas trouvée aussi turgide que le chien qui avait reçu de la thébaïne; néanmoins elle contenait 55 centimètres cubes de liquide. La papavérine n'est donc pas anexosmotique, ce dont je me suis assuré d'une autre manière, en la faisant prendre à des malades atteints de diarrhée; elle n'a pas arrêté le flux intestinal.

D'ailleurs, Liederdorf et Breslauer ont constaté, de leur côté, que cette base, loin de produire la constipation, la faisait disparaître parfois. Ils ont vu en outre que la papavérine, administrée soit par la méthode gastro-intestinale, soit par la méthode hypodermique, ne causait ni nausées, ni vertiges, ni pesanteur de tête; qu'elle diminuait la fréquence du pouls.

Cet alcaloïde n'est pas soporifique chez l'homme; il ne l'est pas non plus, d'après M. Cl. Bernard, chez les animaux. Il paraît néanmoins accroître puissamment l'action du chloroforme. L'animal, sur qui fut faite l'opération de l'anse intestinale, resta dans un calme remarquable, bien que l'on ne continuât pas l'usage de cet anesthésique. Il n'était pas endormi, mais il ne se plaignait pas.

Il semblerait, d'après ces données, que la papavérine fût inoffensive; mais il n'en est iren. A haute dose, elle produit des convulsions qu'on peut observer chez les grenouilles, sous la peau desquelles on a mis 2 à 3 centigrammes de cet alcaloïde ou de son chlorhydrate. Quelques minutes après l'introduction du chlorhydrate qui est très-soluble, on observe chez ces animaux des convulsions soit spontanées, soit provoquées par une cause légère, simplement par le choc de la table sur laquelle ils reposent. De plus, la dose qui produit les convulsions est suffisante pour amener la mort; c'est du moins ce que j'ai vu : de sorte que la papavérine est non-seulemsent convulsivante, mais toxique. Schroff avait remarqué aussi des convulsions chez les grenouilles, sous la peau desquelles il avait injecté 3 centigrammes de chlorhydrate de papavérine (1). D'ailleurs, M. Cl. Bernard nous avait déjà appris que cette substance était loin d'être dénuée d'activité, puisqu'il l'avait placée au second rang dans l'ordre convulsivant, et au troisième rang, au point de vue toxique, parmi les alcaloïdes de l'opium.

En résumé : *La papavérine est peu active chez l'homme à des doses relativement élevées, 20 centigrammes et même plus, mais elle est convulsivante et toxique à haute dose; elle n'empêche pas les courants exosmotiques dans l'instestin; elle n'est pas soporifique, mais elle favorise l'action anesthésique du chloroforme.*

§ 3. — Narcotine.

Cette base, qui a pour formule $C^{22}H^{23}AzO^{7}$, est la première qui ait été retirée de l'opium par Derosne, en 1804. Elle cristallise en prismes droits rhomboïdaux, insolubles dans l'eau froide, à peine solubles dans l'eau bouillante, solubles dans l'alcool et l'éther bouillants ainsi que dans le chloroforme. C'est une base qui donne néanmoins, avec les acides forts, des sels parfaitement définis. La saveur de ces sels est amère, un peu acerbe, mais nullement nauséeuse.

Effets physiologiques. — D'après M. Cl. Bernard, la narcotine est la moins toxique des bases de l'opium et occupe le troisième rang dans l'ordre convulsivant. Les expériences nombreuses que j'ai faites, tant sur l'homme que sur les animaux, viennent appuyer les assertions de notre grand physiologiste.

J'ai pris en une fois, ce qui n'avait pas encore été fait, *40 centigrammes* de narcotine dissoute dans l'acide chlorhydrique, soit près de 43 centigrammes du chlorhydrate de cette base, dans 120 grammes d'eau. A part la saveur amère des sels de l'opium, je n'ai rien ressenti, pas même les vertiges du trouble léger que l'on éprouve dans la tête après l'ingestion de 20 centigrammes de thébaïne ingérée de la même manière; je n'ai observé qu'une très-légère contraction de la pupille. L'appétit est demeuré parfait. Les urines n'ont été éliminées ni en moindre, ni en plus grande quantité : il n'y a eu ni diarrhée ni constipation.

Cette expérience, ainsi que celle de Bailly qui est arrivé à en donner jusqu'à 3 grammes en plusieurs doses *dans les vingt-quatre heures;* enfin les observations que j'ai recueillies en administrant le chlorhydrate de narcotine à des doses de 5 à 20 centigrammes, prouvent que cette substance est peu active chez l'homme. Mais, à très-haute dose, elle révèle chez les

(1) Schroff, *Lehrbuch der Pharmacologie*, Vienne, 1869.

animaux des propriétés qui la rapprochent de la papavérine et de la thébaïne, tout en la laissant à une grande distance de ces alcaloïdes, surtout du premier. Ainsi, 2 à 3 centigrammes de chlorhydrate placés sous la peau d'une grenouille produisent, au bout d'une demi-heure, des convulsions qui ne sont qu'un diminutif des convulsions strychniques; la narcotine est, si l'on peut s'exprimer ainsi, la brucine des opiacés convulsivants. De plus, les grenouilles ne meurent pas; vingt-quatre heures après l'expérience elles sont presque revenues à l'état normal; on n'observe alors qu'une légère roideur dans les mouvements.

Ayant injecté sous la peau, chez un chien, 5 centigrammes de chlorhydrate de narcotine, puis ayant mis dans une anse intestinale longue de 20 centimètres, 4 grammes de sulfate de soude cristallisé dissous dans 20 grammes d'eau, cette anse contenait, au bout de trois heures, 39 centimètres cubes de liquide. La narcotine, de même que la papavérine et la thébaïne, n'empêche donc pas les courants exosmotiques de l intestin, ce dont je me suis assuré autrement. J'ai donné plusieurs fois, soit dans le service de G. Sée à la Charité, soit dans d'autres hôpitaux, 5 à 20 centigrammes de chlorhydrate de narcotine à des malades atteints de diarrhées de diverses natures. J'ai fait prendre en ma présence le médicament; or, dans près de 20 cas où je l'ai administré, la diarrhée a été arrêtée une seule fois, ce qu'il fallait nécessairement considérer comme accidentel.

Chez aucun des malades la narcotine n'a paru exercer une action soporifique, ce qui est conforme aux données de M. Cl. Bernard d'après ses expériences faites sur les animaux. D'un autre côté, elle ne paraît guère être analgésique, ni apte à prolonger l'insensibilité chloroformique. Ainsi, elle n'a point semblé émousser la douleur chez le chien soumis à l'opération de l'anse intestinale.

En résumé : *La narcotine est très-peu toxique et beaucoup moins convulsivante que la thébaïne et la papavérine; elle n'empêche pas les courants exosmotiques dans l'intestin; elle n'est pas soporifique, elle ne paraît pas être analgésique ni accroître l'action du chloroforme.* Sa dénomination (de ναρκόω, j'engourdis) est donc défectueuse, puisqu'elle ne produit rien d'appréciable chez l'homme à la dose de 40 centigrammes.

§ 4. — Codéine.

La codéine ($C^{18}H^{21}AzO^{3}$), découverte par Robiquet en 1833, cristallise en octaèdres ou en prismes quadratiques qui n'exigent, pour se dissoudre, que 80 parties d'eau froide et 17 parties d'eau bouillante. Elle est donc le plus soluble des alcaloïdes de l'opium; elle se dissout facilement dans l'alcool et dans l'éther. Cette base, ainsi que ses sels, ont une saveur amère, légèrement acerbe et nullement nauséeuse.

Effets physiologiques. — Ingérée, en une fois, à la dose de 5 centigrammes, dissoute dans l'acide chlorhydrique, la codéine détermine, au bout d'une demi-heure à une heure, quelques symptômes tels que : pesanteur de tête, obscurcissement des idées, ainsi qu'une *certaine faiblesse dans les membres inférieurs.* Ces accidents cessent bientôt, mais leur apparition indique que la codéine est plus active que les alcaloïdes précédents. Les pupilles sont très-légèrement contractées, il se produit parfois une congestion de la rétine. Le pouls ne change pas. L'appétit demeure intact; la bouche reste humide comme d'ordinaire.

Ingérée, en une fois, à la dose de 15 centigrammes, dissous dans l'acide chlorhydrique, dans un verre d'eau, elle a produit chez moi, au bout d'une demi-heure à une heure, une certaine fatigue musculaire accompagnée de démangeaisons, notamment dans les extrémités des membres, une contraction notable de la pupille qui a duré plus d'un jour ; elle n'a pas provoqué le sommeil.

La codéine ne produit ni diarrhée ni constipation. En effet, elle n'est pas anexosmotique. Ayant mis 5 grammes de sulfate de soude pour 15 grammes d'eau, dans une anse intestinale de 25 centimètres de longueur, chez un chien qui avait reçu, sous la peau, 5 à 6 centigrammes de codéine, cette anse contenait, au bout de trois heures et demie, 70 centimètres de liquide.

Une observation rapportée par Brard (de Jonzac) (1) semblerait d'ailleurs prouver les effets

(1) *Société médicale de Jonzac*, 1868-1869.

toxiques de la codéine à haute dose. Un homme âgé de quarante-trois ans avait pris, en vingt-quatre heures, un flacon de sirop de codéine renfermant, dit-on, 0gr,125 de cet alcaloïde; quatorze heures après il mourait dans le coma. Toutefois, pour que cette observation fût rigoureuse, il faudrait posséder des données précises sur la qualité et la quantité du principe actif contenu dans la liqueur ingérée. Je ne puis admettre, pour ma part, que la codéine soit toxique chez l'homme à cette dose, car j'ai eu la preuve du contraire: il est indubitable que ce *sirop* dit *de codéine* devait renfermer de la morphine, qui coûte moins cher. Défions-nous donc des produits dont nous ne sommes pas sûrs et qui sont souvent la cause de désaccords entre physiologistes.

La codéine n'est pas soporifique chez l'homme aux doses de 5 à 15 centigrammes, mais elle le devient au delà de ces dernières, qu'il est bon cependant de ne pas dépasser. Ces mêmes doses font dormir les chiens; toutefois, d'après les expériences de M. Cl. Bernard, le sommeil n'est jamais aussi complet que celui qui est produit chez eux par la morphine, et surtout par la narcéine. L'animal a plutôt l'air d'être calme que d'être endormi; il peut toujours être réveillé facilement, soit par le pincement des extrémités, soit par le moindre bruit qui se fait autour de lui; si le bruit est fort, il tressaille des quatre membres et cherche à s'enfuir. Enfin, lorsque le réveil a lieu, les animaux sont dans leur humeur naturelle; ils ne présentent ni cet effarement ni cette paralysie du train postérieur qui succèdent à l'emploi de la morphine.

La codéine émousse beaucoup moins la sensibilité que la morphine; elle ne rend pas, comme celle-ci, les nerfs paresseux; de sorte que, pour les opérations physiologiques, la morphine et surtout la narcéine lui sont de beaucoup préférables. Il en est de même chez l'homme d'après mes recherches : l'inoculation de 1 centigramme de chlorhydrate de codéine dans les cas de névralgies, de sciatique par exemple, ne produit presque aucun apaisement de la douleur.

La quantité des urines n'est pas modifiée sous l'influence de cet alcaloïde.

En résumé : *La codéine est dangereuse chez l'homme à de hautes doses; elle est très-peu soporifique, très-peu analgésique et n'empêche pas les courants exosmotiques.* Elle ne mérite donc pas d'être employée.

§ 5. — Narcéine.

La narcéine, $C^{23} H^{29} Az O^{9}$, a été découverte par Pelletier, en 1832.

Elle cristallise en petits prismes allongés et d'un éclat soyeux, peu solubles dans l'eau froide, plus solubles dans l'eau bouillante, très-solubles dans l'alcool et insolubles dans l'éther. La saveur des dissolutions de narcéine et de ses sels est franchement amère.

Effets physiologiques. — D'après M. Cl. Bernard, la narcéine est la plus soporifique des bases de l'opium, et moins toxique que la thébaïne, la codéine et la papavérine. Le sommeil produit chez les animaux, par exemple, chez un jeune chien qui a reçu 7 à 8 centigrammes de chlorhydrate de narcéine sous la peau, est profond et très-convenable pour les opérations physiologiques douloureuses. Les chiens, affaissés dans un sommeil de plusieurs heures, ne font aucune résistance. Ce sommeil avait été déjà observé par Leconte, après avoir injecté 10 centigrammes de narcéine dans une veine jugulaire chez un chien de grande taille (1).

Après la publication de M. Cl. Bernard, divers médecins, parmi lesquels il convient de citer Béhier, Debout, Laborde, essayèrent la narcéine sur l'homme et constatèrent, à des degrés divers, les propriétés annoncées. Mais Schroff, de Vienne, ayant fait quelques expériences sur l'homme sain ou malade, ne put se convaincre des propriétés hypnotiques de cette base.

La vérité se trouve entre ces extrêmes. S'il est démontré, comme j'ai pu m'en assurer en répétant certaines expériences de M. Cl. Bernard, que la narcéine est plus soporifique chez les chiens que la morphine, il est certain qu'elle l'est beaucoup moins chez l'homme que la morphine, qui l'emporte sous ce rapport. Prise aux doses de 10 à 20 centigrammes par l'homme à l'état de veille, elle ne détermine guère le besoin de dormir; mais chez les ma-

(1) *Comptes-rendus de la Société de biologie*, 1853.

R.F.

lades qui sont dans le décubitus dorsal, on voit survenir un sommeil prolongé. La narcéine remplace alors avantageusement la morphine ou l'extrait gommeux d'opium; elle produit un sommeil calme et réparateur, suivi d'un réveil éminemment physiologique, après lequel on n'éprouve aucun de ces troubles que détermine la morphine, tels que lassitude, perte d'appétit. Des femmes souffrantes et atteintes d'insomnie ont été si satisfaites du médicament, qu'elles demandaient sans cesse la précieuse substance que je leur avais donnée.

Brown-Séquard a observé un grand nombre de fois, en Amérique, les effets hypnotiques de la narcéine, qu'il a administrée jusqu'à la dose de 25 centigrammes par jour. Il a constamment remarqué ce sommeil calme et réparateur déjà indiqué, mais moins profond que celui de la morphine donnée à des doses vingt fois moindres. La narcéine est donc soporifique chez l'homme, mais beaucoup moins chez les animaux.

Non-seulement la narcéine est hypnotique, mais elle est analgésique et anexosmotique.

Chez une femme de vingt-six ans, atteinte d'un épithélioma du col de l'utérus, et souffrant de douleurs atroces qui la privaient de tout sommeil, on badigeonnait avec du laudanum l'hypogastre, les cuisses qui en étaient toutes jaunes, on injectait même dans le rectum une petite quantité de ce même liquide; mais ces moyens demeuraient infructueux. Je fis alors, dans le vagin, une injection de 40 centimètres cubes d'une solution de chlorhydrate de narcéine au centième. Une heure après la douleur avait disparu; la malade passa la nuit dans un sommeil complet, et le matin à mon arrivée à l'hôpital elle me remercia avec effusion. Les douleurs revinrent malheureusement au bout de trente-six heures; il fallait d'ailleurs s'attendre à leur retour, mais la narcéine les fit disparaître de nouveau.

Les propriétés analgésiques de la narcéine avaient déjà été reconnues par Béhier, qui avait employé le chlorhydrate de cette base en injections sous-cutanées, et elles ont reçu naguère une sanction nouvelle dans des expériences faites par Petrini dans le service de ce même médecin, à l'Hôtel-Dieu. Des sciatiques, des douleurs névralgiques de diverses natures, ont été soulagées et parfois guéries par la narcéine qui, de même que dans mes recherches, s'est montrée parfois supérieure à la morphine.

Cette précieuse substance arrête également la diarrhée. Non-seulement la muqueuse intestinale sécrète moins sous l'influence de la narcéine, mais les muqueuses buccale, pituitaire, et la conjonctive même, subissent une sorte de dessiccation; la soif augmente comme sous l'influence de la morphine. Mais il faut des doses assez fortes, celles de 10 à 20 centigrammes, pour obtenir ces résultats, et la diarrhée n'est pas aussi bien arrêtée que par la morphine ou par l'opium. Toutefois, la narcéine doit être préférée à ces dernières substances chez ceux dont l'apétit est troublé ou qui ont des vomissements, comme chez les phthisiques, que j'ai pu soulager ainsi d'une manière évidente. La narcéine est un diminutif de la morphine, mais elle n'en présente pas les inconvénients. En effet, elle ne détermine ni nausées ni vomissements; elle arrête même ces accidents.

D'après Petrini, même à dose minime (5 milligrammes), le chlorhydrate de narcéine injecté sous la peau produit une élévation de la température, augmente la fréquence du pouls et détermine un abaissement de la tension artérielle. Mais ces effets ne sont que passagers; ils n'existent plus une heure après l'injection à la dose indiquée; de plus, on ne les observe pas après l'absorption de cette substance par la voie gastro-intestinale. Cette différence d'action se conçoit d'ailleurs. En effet, lorsqu'elle a été injectée dans le tissu cellulaire sous-cutané, elle passe rapidement dans le torrent circulatoire et produit, par sa présence subite, une sorte de révolte de l'organisme, une surexcitation que j'ai déjà eu l'occasion de signaler après l'injection de l'alcool et que je rappellerai dans l'étude de divers médicaments et poisons, sans qu'elle puisse caractériser ces derniers en aucune manière. Puis, à cette première action, succède celle qui résulte des propriétés réellement physiologiques de la narcéine, telle qu'on l'observe après l'ingestion de cette substance dans le tube digestif.

La narcéine diminue le pouvoir d'accommodation et rend légèrement presbyte.

Leconte a publié, en 1852, que la narcéine diminuait notablement l'excrétion urinaire. Il n'en est rien; prise aux doses de 5 à 20 centigrammes, elle n'a jamais produit cet effet.

En résumé : *La narcéine, la plus somnifère des bases de l'opium chez le chien, est beaucoup moins soporifique que la morphine chez l'homme. Elle augmente l'action du chloroforme. Elle est analgésique et anexosmotique.*

§ 6. — Morphine.

La morphine, $C^{17}H^{19}AzO^{3}$, cristallise en prismes rectangulaires ou en octaèdres, à peine solubles dans l'eau froide, mais pouvant se dissoudre complétement dans 100 fois leur poids d'eau bouillante. Les solutions de cette base et de ses sels présentent une amertume moins franche que celle des opiacés.

Effets physiologiques. — D'après M. Cl. Bernard, la morphine est moins soporifique que la narcéine chez les animaux, mais elle l'est davantage que la codéine. Le sommeil qu'elle procure diffère des sommeils narcéique et codéique en ce qu'il est lourd, et qu'au réveil les animaux sont dans l'abrutissement. Si, à l'exemple de M. Cl. Bernard, on injecte sous la peau de deux chiens, chez l'un, du chlorhydrate de codéine et, chez l'autre, une égale quantité de chlorhydrate de morphine, 5 à 10 centigrammes par exemple, suivant la taille, ces animaux éprouvent des effets soporifiques au bout d'un quart d'heure, et ils dorment tranquilles pendant trois quarts d'heure environ, mais ils forment, au réveil, le contraste le plus frappant. Le chien codéiné présente ses allures habituelles, tandis que le chien morphiné a la démarche hyénoïde, l'œil effaré; il ne reconnaît personne, et ce n'est qu'au bout de vingt-quatre heures qu'il reprend son humeur ordinaire. Si, les jours suivants, on répète les mêmes expériences, mais en sens inverse, c'est-à-dire en donnant la codéine à celui qui avait reçu la morphine, on remarque, au réveil, les mêmes différences, mais également en sens inverse. Le chien qui, auparavant, étant codéiné, s'était réveillé alerte et gai, est alors abruti et à demi paralysé à la suite du sommeil morphéique, tandis que l'autre se réveille vif et joyeux.

Les expériences de M. Cl. Bernard ont démontré, en outre, que la morphine était peu toxique chez les animaux.

Mais il n'en est pas de même chez l'homme, qui est si sensible à l'action de cet alcaloïde qu'on peut avancer, avec certitude, que la morphine est pour lui le plus soporifique et le plus toxique des opiacés. Des expériences comparatives faites avec cette base et la narcéine ont prouvé la première proposition; quant à la seconde, elle se trouve démontrée par ce fait, que l'ingestion de 10 centigrammes de thébaïne dissoute dans l'acide chlorhydrique ne produit presque rien, tandis que l'ingestion de 10 centigrammes de chlorhydrate de morphine, en une fois, détermine la mort si l'absorption est complète.

Non-seulement la morphine est le plus toxique et le plus soporifique des principes de l'opium chez l'homme, mais elle est le plus anexosmotique, c'est-à-dire qu'elle possède au plus haut degré la propriété d'empêcher les sécrétions intestinales, comme l'ont démontré les expériences de Moreau. En effet, d'après ce physiologiste, tandis que 20 centimètres cubes d'une solution de sulfate de magnésie au cinquième, introduits dans une anse intestinale d'un chien, déterminent, au bout de dix-huit heures, une exosmose assez considérable pour que l'anse contienne environ 500 centimètres cubes de liquides, on observe, si l'animal est morphiné, que l'anse intestinale ne contient plus que 10 centimètres cubes environ d'un liquide purulent; il peut même se faire qu'elle ne contienne absolument pas de liquide. Ces propriétés anexosmotiques de la morphine et de l'opium, qui agit surtout par elle dans ce cas, sont mises chaque jour à profit pour arrêter les diarrhées. On sait, d'un autre côté, que l'ingestion simultanée ou à peu de distance d'un purgatif salin et de l'opium fait que le purgatif ne produit pas ou peu d'évacuations, qu'il est presque entièrement absorbé et qu'il s'élimine alors par les reins en produisant quelques effets diurétiques.

La morphine est analgésique. Il est inutile d'insister sur cette propriété, qui est chaque jour mise à profit en l'injectant dans le tissu cellulaire sous-cutané ou en la faisant prendre à l'intérieur. Mais je rappellerai qu'elle le cède peut-être sous ce rapport à la thébaïne et à la narcéine.

La morphine présente le grand inconvénient de faire disparaître l'appétit et de causer des nausées et des vomissements. Trousseau a insisté sur ces accidents, que sa vaste expérience lui a démontré être plus fréquents chez la femme que chez l'homme, et qui arrivent avec la plus grande facilité chez les femmes d'un tempérament nerveux. Il a remarqué, en outre, que la marche de ces accidents était variable, suivant le mode d'administration de la morphine. Lorsque les sels de cette base avaient été mis sur le derme dénudé, les vomissements avaient lieu pendant les deux ou trois premiers jours de l'application, lors même que la dose était peu considérable; plus tard, les nausées existaient seules et les vomissements n'avaient plus lieu. Dans l'administration des sels de morphine à l'intérieur, on observa un ordre inverse : les vomissements ne paraissaient qu'au deuxième et même au quatrième jour de la médication, et se prolongeaient ensuite pendant toute sa durée.

Trousseau a remarqué souvent, après les injections morphinées, une production de sueur, une coloration plus vive de la peau, l'accélération du pouls et la fréquence plus grande des mouvements respiratoires. Bailly avance, au contraire, que les préparations de morphine sont sans influence sur le pouls et sur la température, ou qu'ils ne peuvent, tout au plus, que les diminuer légèrement. Ces deux auteurs sont à la fois dans le vrai, car ils ont bien vu; mais, comme il arrive souvent, ce sont les conclusions qui sont erronées. Injectés sous la peau, les sels de morphine, étant absorbés rapidement, agissent alors comme la narcéine; mais cet effet dure peu, et il est suivi de l'état normal, ou de la légère diminution du pouls et de la température signalée par Bailly; ce qui arrive lorsqu'on prend le médicament à l'intérieur, parce qu'il est absorbé moins rapidement qu'après l'injection sous-cutanée.

Enfin Trousseau a avancé que la morphine diminuait l'exsécrétion urinaire; mais il faut répéter ici ce qui a été dit au sujet de la narcéine; d'ailleurs, les prétendus effets anurétiques de la morphine n'ont pas été reconnus par Bailly, qui a vu seulement que plusieurs malades éprouvaient de la difficulté à uriner, sans que la quantité d'urine éliminée fût moins grande.

En résumé, *la morphine est plus soporifique que la narcéine chez l'homme; elle est anexosmotique et analgésique. Mais ces avantages sont compensés par des inconvénients que les autres alcaloïdes ne produisent pas ou ne déterminent qu'à un moindre degré, tels que la perte de l'appétit, les nausées et les vomissements. Nous verrons plus loin que la morphine augmente l'action du chloroforme.*

§ 7. — Opianine. — Porphyroxine. — Pseudomorphine. — Acide méconique. — Méconine.

L'*opianine* se présente sous l'aspect d'aiguilles incolores et brillantes, amères, très-peu solubles dans l'eau, solubles dans l'alcool. Elle donne des sels cristallisables. L'action de cette substance, qui existe en très-petite quantité dans l'opium, paraît se rapprocher de celle de la morphine.

La *porphyroxine* et la *pseudomorphine* se dissolvent également dans l'alcool et dans les acides. Elles sont peu connues. La dernière est appelée ainsi, parce que, de même que la morphine, elle se colore en bleu au contact des sels ferriques.

L'*acide méconique* $C^7H^4O^7$, entrevu par Séguin en 1804, fut isolé par Sertuerner en 1805. Il cristallise en paillettes blanches d'une saveur acide et astringente, assez solubles dans l'eau chaude, moins solubles dans l'eau froide, qui n'en prend guère que la centième partie de son poids. L'ébullition dans l'eau le change en acide coménique.

Sertuerner avait attribué à l'acide méconique une action très-énergique; un seul grain (5 centigrammes) pouvait, disait-on, causer la mort; on pensait, en outre, que c'était un remède contre le tænia, et l'on administrait avec de grandes précautions le méconate de soude pour faire disparaître ce parasite. Mais Fenoglio (1) constata plus tard l'innocuité de ce même sel administré à des chiens jusqu'à la dose de 8 grains, ainsi que son inutilité contre le tænia chez une femme qui en avait pris 4 grains.

L'acide méconique n'était donc pas aussi dangereux qu'on l'avait cru; je suis allé plus loin, car j'ai reconnu que cette substance était inactive.

J'ai injecté dans les veines, chez un chien de belle taille, 50 centigrammes de cet acide pur, dissous dans 40 grammes d'eau à la température de 37 degrés. L'animal n'a rien éprouvé de cette injection.

J'ai fait prendre à un autre chien de taille médiocre, tantôt 1 gramme, tantôt 2 et même 3 grammes de biméconate de potasse ou de soude, et je n'ai rien observé, si ce n'est que les

---

(1) *Bulletin général des sciences médicales de Ferrussac*, I, 300; et *Journal de pharmacie*, IV, 295.

urines de cet animal sont devenues ou neutres ou alcalines, suivant la dose ingérée. De plus, j'ai constaté, de la manière la plus précise, les réactions de l'acide méconique, ou des méconates, dans les urines de ce chien, en les additionnant de perchlorure de fer. On sait, en effet, que ce dernier réactif donne, dans les solutions de l'acide méconique et des méconates, une coloration rouge très-intense qui permet de reconnaître des traces de ces substances.

La *méconine* $C^{10}H^{10}O^{4}$, entrevue dans l'opium par Dublanc, en 1826, a été obtenue plus tard par Couerbe à l'état de pureté.

Elle se présente sous l'aspect de prismes hexagones d'une saveur amère faible, peu solubles dans l'eau froide, mais très-solubles dans l'alcool et dans l'éther. Lorsqu'on la traite par l'eau bouillante, l'excès qui ne peut se dissoudre entre en fusion et offre l'aspect d'un liquide oléagineux.

Cette substance paraît dépourvue de toute activité. Je l'ai essayée chez les animaux, à des doses variables, et je n'ai rien observé qui pût être considéré comme un effet de la méconine. Il est vrai que, lorsque j'avais injecté sous la peau cette substance dissoute dans l'eau alcoolisée, j'ai observé de la suppuration quelques jours plus tard ; mais le pus était excessivement crémeux et même presque solide, comme il l'est d'ordinaire chez les lapins, et la formation en était due, non à l'action de la méconine, mais à celle de l'alcool ; car on sait que ce liquide, injecté dans le tissu conjonctif, peut déterminer des phlegmons. Toutefois, dans aucune circonstance, les animaux n'eurent de la fièvre, et ils conservèrent toujours leur appétit.

§ 8. — Classement des alcaloïdes de l'opium.

Telles sont les données que nous possédons aujourd'hui sur les principes immédiats de l'opium. Elles sont le résultat de quelques recherches de Magendie, de plus de deux cents expériences faites par M. Cl. Bernard sur les animaux les plus divers, et de près de cent cinquante expériences physiologiques ou thérapeutiques faites par moi sur les animaux et sur l'homme sain ou malade ; enfin, elles ont été appuyées par les recherches de divers expérimentateurs et cliniciens dont les noms ont été cités.

M. Cl. Bernard avait étudié les alcaloïdes de l'opium, surtout au point de vue de leurs propriétés soporifiques, convulsivantes et toxiques ; mais il fallait les considérer aussi au point de vue de leurs effets analgésiques et anexosmotiques.

Voici la manière dont on peut les grouper, d'après ces mêmes propriétés, chez les animaux et chez l'homme :

Ordre soporifique chez les animaux.	Ordre soporifique chez l'homme.	Ordre convulsivant chez les animaux.
Narcéine.	Morphine.	Thébaïne.
Morphine.	Narcéine.	Papavérine.
Codéine.	Codéine.	Narcotine.
Les autres ne sont pas soporifiques.	Les autres ne sont pas soporifiques.	Codéine.
		Morphine.
		La narcéine n'est pas convulsivante.
(Cl. Bernard.)	(Rabuteau.)	(Cl. Bernard.)

Ordre toxique chez les animaux.	Ordre toxique chez l'homme.	Ordre analgésique chez l'homme.	Ordre anexosmotique chez l'homme et les animaux.
Thébaïne.	Morphine.	Morphine.	Morphine.
Codéine.	Thébaïne.	Narcéine.	Narcéine.
Papavérine.	Codéine.	Thébaïne.	Les autres n'empêchent pas les courants exosmotiques dans l'intestin.
Narcéine.	Papavérine.	Papavérine.	
Morphine.	Narcéine.	Codéine?	
Narcotine.	Narcotine.	La narcotine ne paraît pas être analgésique.	
(Cl. Bernard.)	(Rabuteau.)	(Rabuteau.)	(Rabuteau.)

On a observé parfois des convulsions dans les cas d'empoisonnement de l'homme par l'opium ; mais la science n'est pas en mesure de se prononcer sur les propriétés convulsivantes des divers opiacés dans notre espèce. On sait, toutefois, que dans l'empoisonnement par la morphine, la mort a lieu dans le relâchement, ce qui indique que cet alcaloïde n'est pas convulsivant chez l'homme. La codéine ne l'est pas non plus, si l'on admet le cas d'empoisonnement cité plus haut. Il est rationnel d'admettre que la narcéine ne doit pas être plus active chez l'homme que chez les chiens.

J'ai pu vérifier facilement, de la manière suivante, l'ordre convulsivant établi par M. Cl. Bernard : J'ai pris diverses grenouilles sous la peau desquelles j'ai placé, chez l'une, 2 centigrammes de chlorhydrate de thébaïne ; chez une autre, 2 centigrammes de chlorhydrate de papavérine ; enfin, chez une troisième, 2 centigrammes de narcotine. Une autre grenouille, qui avait reçu de la strychnine, servait de comparaison. Or, au bout d'un temps variable, qui est à peu près le même pour la thébaïne et la strychnine, plus long pour la papavérine, plus long encore pour la narcotine, les animaux furent pris de convulsions dont l'intensité était décroissante en passant de l'un à l'autre, et qui se produisaient de moins en moins facilement par le choc ou par le contact.

En frappant légèrement sur la table sur laquelle les grenouilles reposaient, on voyait se convulser celle qui était strychnisée et celle qui était thébaïnée, les autres restant au repos ; puis, en frappant plus fort, c'était le tour de celle qui avait reçu de la papavérine ; frappant plus fort encore, toutes éprouvaient des convulsions.

La codéine ne convulse pas les grenouilles d'une manière constante ; néammoins, elle agit parfois avec une intensité notable. La morphine agit beaucoup moins. Si l'on coupe les nerfs qui, de la moelle épinière, se rendent à un membre, les convulsions ne se produisent plus dans ce membre.

Enfin, au point de vue de l'action exercée sur l'estomac, il faut rappeler que la morphine peut provoquer des nausées et des vomissements, et fait perdre l'appétit, tandis que les autres alcaloïdes ne produisent pas ces accidents, ou ne les déterminent qu'à un degré très-faible. Ils augmentent même parfois l'appétit, se comportant en cela comme des substances franchement amères. D'ailleurs, la morphine seule possède une amertume nauséeuse.

§ 9. — Opium en nature.

A l'aide des notions acquises sur les divers alcaloïdes de l'opium, nous pouvons nous expliquer désormais le mode d'action de cette substance. Nous ne sommes pas assurés, il est vrai, d'avoir isolé tous les principes qu'elle contient, mais nous connaissons les plus importants et nous savons que certains d'entre eux peuvent être considérés comme inactifs.

Effets physiologiques de l'opium. — La morphine doit être regardée comme le principe le plus actif de l'opium, mais la physiologie et la pratique médicale démontrent, entre ces deux substances, de notables différences d'action qui font préférer souvent l'emploi de ce dernier. Ces différences tiennent à la complexité de l'opium et à l'activité variable de ses principes. Aussi voit-on ce médicament agir d'une certaine manière, à faible dose, et d'une manière parfois tout opposée à de hautes doses, défiant ainsi les calculs de quiconque n'a pas étudié l'action des principes qui le composent. En effet, c'est la résultante de toutes ces actions que nous observons, et cette résultante peut changer de signes à mesure que l'on applique à l'organisme des forces dont l'intensité n'est pas la même ; ce dont nous allons voir des exemples en étudiant l'action de l'opium successivement sur le tube digestif, sur la circulation et la température, sur les organes des sens, sur le sommeil, enfin sur la sensibilité et l'activité musculaire.

1° L'opium produit moins que la morphine les nausées et les vomissements, et ces accidents, lorqu'ils arrivent, sont alors mitigés et moins persistants. Pris à faibles doses, l'opium constipe ; mais à hautes doses, à celle de 20 à 30 centigrammes, par exemple, alors qu'il peut déterminer des accidents toxiques, ou bien chez les sujets qui se sont habitués à en prendre des doses considérables, il produit très-souvent de la diarrhée. Ces actions variables s'expliquent d'elles-mêmes. En effet, la morphine seule provoque des nausées, tandis que les autres alcaloïdes augmentent plutôt l'appétit. D'un autre côté, la morphine, la narcéine sont anexostomiques ; les autres alcaloïdes ne le sont pas et rendent parfois les selles plus faciles ;

or, s'il en est ainsi, on conçoit qu'à mesure qu'on augmente les doses, l'action de ces derniers alcaloïdes, qui est nulle dans quelques centigrammes d'opium, parce qu'ils s'y trouvent en faible proportion, devienne prédominante lorsque les doses augmentent.

2° Les premiers effets de l'opium pris à doses fortes sont d'activer la circulation et d'élever légèrement la température; or, nous avons vu que la morphine et la narcéine, surtout lorsqu'elles avaient été inoculées, avaient la propriété d'accélérer le pouls et d'augmenter la chaleur animale, ce qui n'a pas été constaté encore pour les autres alcaloïdes. Mais ces effets ne sont que passagers; toutefois ils sont plus remarquables après l'ingestion de l'opium, qui va jusqu'à produire de la sueur et des éruptions (sueurs médicamenteuses). Un peu plus tard ce médicament, comme tous les autres opiacés, diminue le pouls et la température.

3° Après l'ingestion de 10 à 15 centigrammes d'opium chez l'adulte, les yeux brillent, la pupille se dilate, la vue est troublée, l'ouïe est obtuse. Lorsque les doses sont de 20 à 25 centigrammes, la pupille se contracte, l'ouïe est exaltée, et c'est alors surtout que l'on observe l'élévation de la température, la fréquence du pouls déjà signalée et même une accélération de la respiration. Or, la morphine, la narcéine, prises à faibles doses, peuvent dilater la pupille, tandis que les autres alcaloïdes la contractent; et comme l'action de ces derniers devient prédominante à haute dose, c'est elle qui se manifeste.

4° A faible dose, l'opium exerce une action soporifique, que nous mettons chaque jour à profit; à hautes doses, à celles de 20 à 25 centigrammes par exemple, il ne produit que la *somnolence* sans qu'il y ait sommeil véritable. Mais, au bout de quelques heures, le sommeil survient néanmoins profond et persistant. Chez un sujet qui avait pris 22 centigrammes de cette substance, Schroff observa d'abord la somnolence, puis le sommeil; il y eut en outre des vomissements et, le lendemain, de la diarrhée.

5° L'opium diminue la sensibilité et produit une paresse musculaire si considérable, que les sujets qui l'ont pris à haute dose se refusent à exécuter tout mouvement. Or, nous avons vu que la plupart des alcaloïdes avaient la propriété de produire l'analgésie, que la thébaïne elle-même, qui est si éloignée de la narcéine et de la morphine, à certains égards, produisait cet effet. Nous avons vu, en outre, que la codéine, même à la dose de 5 centigrammes, commençait à produire chez l'homme un affaiblissement musculaire, surtout dans le train postérieur, affaiblissement qui ne paraît guère exister chez les chiens codéinés, mais qui est remarquable chez les chiens morphinés, dont la démarche devient alors hyénoïde. Enfin, dans les cas d'empoisonnement on a observé parfois des convulsions chez l'homme, ce qui doit être attribué aux alcaloïdes excito-moteurs dont l'action ne doit pas être négligée dans ces circonstances.

Enfin, l'opium produit de la congestion. Or, nous savons que ces alcaloïdes déterminent presque tous cet effet d'une manière constante. Ainsi la nicotine elle-même, prise à la dose de 40 centigrammes, n'a produit qu'un congestion oculaire.

§ 10. — De l'action simultanée du chloroforme et des alcaloïdes de l'opium.

Cette action remarquable a déjà été signalée précédemment. Nous avons dit, en effet, que les animaux étaient beaucoup moins sensibles à la douleur lorsqu'ils étaient soumis à l'influence du chloroforme et des opiacés. Ainsi, dans les expériences que j'ai faites en retirant une anse intestinale de l'abdomen de chien préalablement narcéinés ou thébaïnés, etc., j'ai vu ces animaux rester insensibles, lors même que le chloroforme n'était plus administré depuis un quart d'heure, et cependant ils ne dormaient pas. Ceci provient de ce que l'action analgésique des alcaloïdes s'ajoutait à l'action du chloroforme, qui seul aurait été impuissant, à un moment donné, à entretenir l'insensibilité, à cause de sa présence en trop faible quantité dans le sang, par suite de son élimination rapide. Ainsi *les alcaloïdes de l'opium continuent*, pour la plupart, *l'action analgésique du chloroforme*, bien qu'ils ne soient pas tous soporifiques, ce qui tient à ce qu'ils ont presque tous la propriété de diminuer la sensibilité.

Les premiers faits de ce genre ont été observés par M. Cl. Bernard et par Nussbaum. M. Cl. Bernard a expérimenté sur les animaux. Nussbaum ayant pratiqué une injection souscutanée d'acétate de morphine chez un malade qu'il opérait et qui était soumis à l'action du chloroforme, vit que l'opéré ne se réveilla pas comme d'ordinaire et qu'il dormit d'une manière tranquille pendant douze heures. Pendant ce sommeil, il était insensible aux piqûres, aux incisions et même au cautère actuel. Nussbaum répéta ces observations avec le même succès, puis Guibert, Goujon et Labbé se sont servis récemment de la même méthode dans les opérations obstétricales et chirurgicales, et tous ont vu que les doses faibles de chloroforme et d'un sel de morphine produisaient l'insensibilité parfaite sans qu'il y eût nécessairement sommeil.

On arrive au même résultat avec la narcéine. Un chien à qui j'avais inoculé 5 centigrammes de cette base, et qui fut ensuite endormi par le chloroforme, ne sentait plus rien au réveil. Il marchait dans le laboratoire, reconnaissait la voix qui l'appelait, mais il était comme privé de son système nerveux sensitif; on pouvait le pincer, le piquer, lui marcher sur les pattes sans qu'il manifestât la moindre douleur. Cet état extraordinaire chez un animal parfaitement éveillé dura plusieurs heures, mais le lendemain la sensibilité était revenue.

La codéine, la papavérine continuent faiblement l'action du chloroforme, mais la narcotine ne fait rien ou presque rien, comme je m'en suis convaincu chez des animaux et sur ma propre personne.

Me fondant sur ces données, j'ai pensé qu'on pourrait obtenir l'insensibilité en faisant avaler une solution chloroformique et un opiacé qui, donnés seuls, ne la détermineraient pas. Dès lors les inhalations du chloroforme ne seraient plus indispensables et les dangers du sommeil anesthésique seraient évités. Des expériences faites chez les animaux, en leur injectant du chloroforme dans le rectum après l'inoculation de la narcéine ou de la morphine, ont vérifié mes prévisions.

Au lieu du chloroforme on peut employer le chloral et le bromoforme.

§ 11. — Résumé.

Thébaïne. — D'après M. Claude Bernard, la thébaïne est la plus toxique des bases de l'opium chez les animaux. Cette proposition, qui est éminemment vraie, ne s'applique pas à l'homme, qui peut ingérer sans danger 10 et 15 centigrammes de chlorhydrate de thébaïne. A la suite de cette première donnée, j'ai constaté que cette substance, introduite par la méthode hypodermique, chez des malades atteints de névralgies, était analgésique autant que la morphine. Je me suis assuré qu'elle n'était pas anexosmotique, c'est-à-dire qu'elle n'arrêtait pas la diarrhée. C'est ce que m'avait démontré déjà l'expérience suivante, qui a été faite pour chacun des opiacés. J'ai injecté sous la peau, chez un chien, 5 centigrammes de chlorhydrate de thébaïne, puis j'ai porté, dans une anse intestinale, une solution de sulfate de soude; or, cette anse, après avoir été remise dans l'abdomen, s'est remplie de liquide, de sorte que le purgatif a agi comme si l'animal n'avait pas été thébaïné. On verra qu'il n'en est pas de même chez un chien morphiné. Enfin, j'ai reconnu que la thébaïne n'était pas soporifique chez l'homme, ce que M. Claude Bernard avait déjà constaté chez les animaux.

Papavérine. — Cette substance est beaucoup moins active que la thébaïne; 15 centigrammes de son chlorhydrate, introduits sous la peau d'un lapin, 25 centigrammes chez un chien, ne produisent rien. L'homme la supporte très-bien également. Elle n'est pas soporifique ni chez les animaux ni chez l'homme. Elle n'empêche pas les courants exosmotiques dans l'intestin et n'arrête pas la diarrhée. Enfin, elle est légèrement analgésique.

Narcotine. — Suivant M. Claude Bernard, la narcotine est la moins toxique des bases opiacées chez les chiens. Il en est de même chez l'homme; 43 centigrammes de son chlorhydrate, ingérés en une fois, n'ont rien produit chez moi. Elle n'est pas ou n'est presque pas analgésique. Elle n'est pas anexosmotique; en effet, dans vingt cas de diarrhée où je l'ai administrée, elle ne l'a arrêtée qu'une seule fois, ce qu'on peut considérer comme accidentel. Enfin, elle n'est pas plus soporifique chez l'homme que chez le chien. C'est donc une substance presque inerte; toutefois, à très-haute dose, à celle de 3 centigrammes, par exemple, elle produit chez les grenouilles de légères secousses convulsives : c'est la brucine des opiacés.

Codéine. — Cette base est moins dangereuse que la thébaïne et plus dangereuse que la morphine chez les animaux. C'est le contraire chez l'homme. Aux doses de 5 à 10 centigrammes, elle produit de la pesanteur de tête et de la faiblesse dans les membres inférieurs. Elle n'est pas anexosmotique, très-peu soporifique et peu analgésique chez l'homme.

Narcéine. — La narcéine est la plus soporifique des bases de l'opium chez les animaux; mais ce n'est pas à dire pour cela qu'elle soit très somnifère. En effet, il faut plus de 5 centigrammes de son chlorhydrate injecté sous la peau d'un chien de taille moyenne pour le faire dormir. Elle est beaucoup moins soporifique que la morphine chez l'homme; mais elle ne l'est qu'à haute dose, à celles de 10 à 20 centigrammes, par exemple; mais le sommeil qu'elle procure est calme et réparateur, et le réveil est tout à fait physiologique, tandis que celui de la morphine, lequel est plus profond, ne laisse pas que de produire de la fatigue. Enfin, cette précieuse substance est éminemment analgésique, comme je l'ai prouvé par des expériences thérapeutiques dont les résultats ont été exposés l'an dernier devant la Société de biologie. Elle ne diminue pas l'excrétion urinaire, comme on l'a avancé, mais elle arrête très-bien la diarrhée, moins efficacement que la morphine, qui doit être d'ailleurs employée à des doses beaucoup plus faibles; mais elle n'entrave pas les fonctions digestives : aussi est-elle utile dans les diarrhées des phthisiques.

Morphine. — La morphine est la plus active des bases opiacées chez l'homme, tandis que, d'après M. Claude Bernard, elle occupe le quatrième rang dans l'ordre toxique chez les animaux. Elle est très-anexosmotique, comme le prouve l'expérience de l'anse intestinale faite déjà avant moi par M. Moreau, et comme le démontre la pratique médicale. Elle est la plus soporifique des bases de l'opium, mais elle ne paraît être guère plus analgésique que la thébaïne et que la narcéine.

Acide méconique et méconine. — Mes expériences démontrent que l'acide méconique est inerte, même à de hautes doses. J'ai injecté 50 centigrammes de cet acide dans le sang chez un chien; j'ai fait prendre à d'autres de 1 à 3 grammes de biméconates de potasse ou de soude, et je n'ai rien observé, si ce n'est que les urines sont devenues neutres ou alcalines suivant la dose du biméconate ingéré. La réaction de l'acide méconique par le perchlorure de fer était tout à fait nette dans ces mêmes urines. La méconine est également inactive.

Mes expériences physiologiques ont été faites au laboratoire de M. Robin, à l'École pratique de la Faculté de médecine; les expériences thérapeutiques, dans divers hôpitaux (*Charité*, service de M. Sée; *Pitié*, dans un service dirigé par M. Lancereaux); enfin, dans ma pratique.

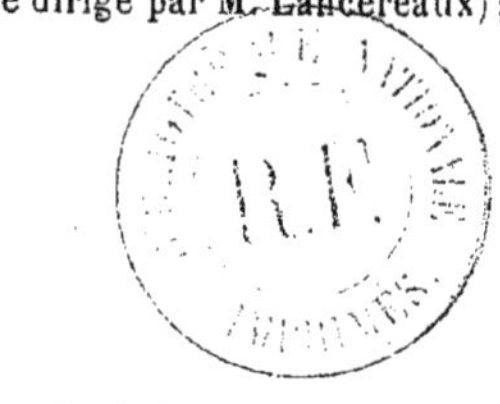

23403 Paris. — Typographie de RENOU et MAULDE, rue de Rivoli, 144.

www.ingramcontent.com/pod-product-compliance
Ingram Content Group UK Ltd.
Pitfield, Milton Keynes, MK11 3LW, UK
UKHW012312240726
13966UKWH00005B/1837